平凡语言中的哲思

PINGFAN YUYAN ZHONGDE ZHESI

徐 文 著

爱家就要爱国，国是家的家，没有国就没有家，没有国家的人，就会成为难民……

敦煌文艺出版社

图书在版编目（CIP）数据

平凡语言中的哲思 / 徐文著. －－ 兰州 ： 敦煌文艺
出版社，2021.3（2021.8重印）
ISBN 978-7-5468-2002-6

Ⅰ．①平… Ⅱ．①徐… Ⅲ．①人生哲学－通俗读物
Ⅳ．①B821-49

中国版本图书馆CIP数据核字(2021)第006737号

平凡语言中的哲思

徐文　著

责任编辑：罗如琪
版式设计：如　琪
封面设计：国彩设计

敦煌文艺出版社出版、发行
地址：（730030）兰州市城关区曹家巷1号新闻出版大厦
邮箱：dunhuangwenyi1958@163.com
0931-8159371（编辑部）
0931-8120135（发行部）

三河市嵩川印刷有限公司印刷
开本 880 毫米 ×1230 毫米 1/32 印张 4.75 插页 2 字数 33 千
2021 年 3 月第 1 版 2021 年 8 月第 2 次印刷
印数 1001~3 000 册

ISBN 978-7-5468-2002-6

定价：32.00 元

前　言

　　从 2002 年起，作者把自己在日常生活、工作和学习中，对怎样做人做事的体会记录下来，经过反复阅读、分类修改和整理，编写出《平凡语言中的哲思》。

　　《平凡语言中的哲思》共 18 章 609 条，都是以平凡的言语，讲述了作者对怎样做好人、做好事的体会和认识。我们将这本小册子出版，也是贯彻落实建设和谐文明社会的体现。

目　录

一、思想和健康

●一个完全的健康人，必须是既有身体健康，又有思想健康，思想健康就是人有正确的思想，人没有正确的思想就是思想不健康。思想支配行为，有什么思想就有什么行为。思想健康和身体健康互相影响，思想健康有利于促进身体健康，身体健康有利于改善思想健康。所以，一个人既有身体健康又有思想健康，才是一个完全的健康人。

●人的一生，身体健康是重要的，比身体健康更重要的是思想健康。因为思想不健康，即使身体健康，也会失去人生的社会价值；思想健康，即使身体不健康，人生还有一定的社会价值。

●思想正确，思想才有价值，人的思想有价值，人生就有价值。

●有健康的思想，就有健康的生活。

●有正确的思想，就有真理。

●活着要珍惜身体健康，因为只有身体健康才能活着；活着要使思想健康，因为只有思想健康，活着才有意义。

●把大多数人的利益看得比自己利益重要的人、把别人的生命看得比自己生命宝贵的人，是思想健康的人。

●在利益面前，思想不健康的人，能做出损人利己的事；思想健康的人，做不出损人利己的事。

●思想健康使人上进，思想不健康使人堕落。

●有健康的思想，就有灵魂。

●医治人思想上的病症，难于医治人肉体上的病症。

●人的思想健康，就有做好人、做好事的言行。

●人有正确的思想，人生就有正确的努力方向。

●只有人的思想进步，才有社会的进步。

二、爱国和爱家

●爱家就要爱国，国是家的家，没有国就没有家，没有国家的人，就会成为难民。

●有国才有家，有家才有温暖。

●国不强，弱国就会被强国欺负；家不富，穷家就会被富家蔑视。

●没有人的精神文明，就没有精神文

明的家或民族，一个没有精神文明的家或民族就没有希望。

●心里有祖国就是爱国，心里有家就是爱家。

●不爱家的人难爱国，不爱国和家的人，不知羞耻。

●不管走的多远，不忘自己的祖国，就是爱国；不忘自己的家乡，就是爱家。

●关心人民的生活就是关心国家大事， 爱惜国家科学技术人员就是爱国。

●爱国爱家就要做到努力工作、赡养父母、给子女做好榜样。

三、遵纪和守法

●遵纪守法不在于是什么人，在于什么人有没有敬畏法纪的思想意识，如果一个人没有敬畏法纪的思想意识，就有违法乱纪的行为。

●放纵自己错误的人，就会使自己吃放纵了自己错误的亏。

●重复地犯错误，不是愚蠢就是无视

法纪。

●人都有可能犯错误，但不要犯下一辈子都不好再做人的错误。

●让人鄙视的人，是犯了自己告诫别人不要犯的错误。

●不择手段地追求名利，就会不择手段地出卖灵魂；不择手段地捞取钱财，就会不择手段地使用钱财。

●接受别人的贿赂，就会为别人做出违法乱纪的事。

●卖官和买官的人都是阳奉阴违、无视法纪的人，卖官的人得到的不仅是钱财，还有罪证；买官的人失去的不仅是钱财，还有人格。

●哪里的违法乱纪现象猖獗，哪里就有违法乱纪的保护伞。

●官宦在哪里贪婪地捞取财物，就在哪里给自己留下了罪证。

●只有维护法律的公正性，才有对触犯法律行为公正的惩罚。

●法律的公正性在于不管什么人，谁触犯了法律，谁就应该受到法律的制裁。

●一官腐败不治百官学之，百官腐败不治，天下官学之，天下官腐败国将亡之。

●人生最大的悲哀，是坚持了错误，放弃了正确。

●正直的人不怕别人说三道四，怕别人说三道四的人不是正直的人。

●做官想成为有益于人民的人，就要做到为人民的事业遵纪守法。

●证明一个人是清白的，最好的办法是自己不要做违法乱纪的事。

●犯了错误的人，最好的认错态度是承认和改正自己的错误。

●任何邪念变成现实，就成了罪恶。

●不择手段争夺权利的人，都是从损人开始，以害己告终。

●自己犯了错误，改正不了错误，就会活在错误的痛苦中。

●如果人们对法纪失去信任，一定是

执行法纪失去了公正性。

●没有良心，难以维护法纪的公正。

●让人最后悔的不是犯了错误，是失去了改正错误的机会。

●贪财的人，不管有多聪明，也有被用金钱愚弄的时候。

●被金钱左右的人，将会为金钱付出比金钱更大的代价。

●只有保证在法律面前人人平等的社会，才是法治社会。

●有道德修养和良知的人，就能够自觉地遵纪守法。

四、教养和良知

● 源清流不浊，源浊流不清，父母清子女不浊，父母浊子女不清。

● 知道前辈的人生经历，就知道选择走自己的人生道路，不犯前人错误就是进步。

● 知道父母训导的话是对的时候，就是儿女懂得做人的时候。

●父母的家大，大的能容下全部儿女；儿女的家小，小的有时容不了父母。

●见不上婆婆的媳妇，也会成为媳妇见不上的婆婆；不孝顺父母的儿女，也会成为儿女不孝顺的父母。

●父母健在时，能为父母想到的事就要做到，想到没有做到，总有一天成为无法弥补的后悔。

●现在侍奉父母，强如以后哭灵。

●心中没有父母，难有别人；人没有

孝心，难有忠心。

●爱怜家人，也能爱怜别人。

●侍奉父母、体恤老人，是有教养的

人。

●不忘父母养育恩的人，必有孝心；

不忘父母教子言的人，必有教养。

●一辈子不能忘记的恩情有父母的养

育恩、老师的教育恩、师傅的传艺恩。

●对父母没有孝心的人，不要对其有

任何指望。

●子女无教养，父母有过错。

●有礼的家盛而不衰，讲理的人正而不歪。

●做人不能忘记的重要一点，是赡养父母和做儿女的好榜样。

●儿女做人争气，最高兴的人是父母；儿女做人不争气，最悲伤的人还是父母。

●儿女伤父母的心，就是伤自己的根。

●教养好的人，一般不惹麻烦；爱惹麻烦的人，一般是教养不好。

●有教养的人，借了别人钱还了以后，还记着别人的人情；没有教养的人，借了别人的钱不还，还不记别人的人情。

●缺乏教养的人，不缺乏没有教养的言行。

●有教养的人不怕别人伤害自己的感情，怕的是自己伤害别人的感情。

●有好的家教，就有好的门风。

●做好人就得流辛苦汗，吃明白饭。

●不因钱财诱惑而动心，就不会为钱

财而损人害己。

●失掉钱财可以再挣，失去人心再难得人心。

●没有礼貌，就没有好的形象；不讲道理，就是不懂道理。

●人没有自觉心，就会成为不自觉的人。

●有文化和品德修养的人，富不奢侈，贵没架子。

●耻笑别人的短处和嫉妒别人的长处，

都是无能的表现。

●不难为人是君子度量，难为人是小人度量。

●爱占便宜的人，得到的是便宜，失去的是人气。

●你能记住别人对你好，你不记你对别人的好，是君子之心。你能忘记你对不起别人，你不能忘记别人对不起你，是小人之心。

●当众侮辱别人的人，就是一个缺乏

教养的人。

●人不知足，难制其欲；人大气不穷，小气不富。

●忌妒别人优点的人，是既不如人又不服人。

●用金钱收买的人，会因金钱被出卖。

●用损害别人名声来发泄自己怨气时，同时也损害了自己的名声。

●人忘乎所以时，吃亏就在眼前。

●有好的家教，必有教养好的人。

●富有不怕，怕的是富有的不正当，人不贪钱财，不会吃贪钱财的亏。

●显能露财，招惹祸灾。

●诱惑的利益前面就是陷阱。

●与爱争权夺利的人为伍，少不了为其做出损人害己的事。

●借黑恶势力来显示自己威风的人，就会成为黑恶势力的牺牲品；想从贪官那里得到好处而谄媚的人，就会把自己赔给贪官。

●有权傲慢、有钱狂妄的人，必得骂名；官不欺民、富不辱贫的人，必有人气。

●为达到某种不可告人的目的玩心眼的人，会遭受玩心眼的不幸。

●欲养身戒酒色，欲心安莫惹事。

●遇到不愉快的事，想不开就是折磨自己；想开了就是善待自己。

●自己最大的缺点，是看不到自己的缺点。

●能够正确地认识自己，就能够正确地对待别人。

●故意抹黑别人时，也在抹黑自己。

●对人和财的偏爱不同，得到的结果也不同，爱人重于爱财得福，爱财重于爱人得祸。

●有不良的习惯，就没有良好的人气。

●对帮助过自己的人，不但不感恩而且还有抱怨情绪，是没有良知的人。

●家教好，必出孝子；家教不好，必

出逆子。

●付出遇上懂得感恩的人，是一种快乐；遇上忘恩负义的人，是一种悲哀。

●有恩于我的人不忘，有怨于我的人不记，是有教养的人。

●能守住良心的人，是有良心的人。

●做人要做好人，不做老好人，好人想着做好事，老好人想做的不一定都是好事。

●不讲良心的人，会受到良心的谴责。

●知恩图报是有良心的人，忘恩负义是没有良心的人。

●别人喜欢的，不要多说不好；别人不喜欢的，不要多说好。

●你能对别人好，不要指望别人对你同样好，指望越大，失望越大。

●花别人钱心不疼，花自己钱心疼的人，不会舍得为别人花自己钱。

●出卖良心的人不得人心，守住良心的人得人心。

●远离七种人：出卖人的人，不孝父母的人，为难人的人，欺骗人的人，欲壑难填的人，搬弄是非的人，玩弄心眼的人。

●最真实的医疗广告，是有良知的医生。

●人生最好的修养是良心，人没有了良心，必有恶意的言行。

●只贪图享受，不注重道德修养的人，难有良心。

●见利忘义是人性的弱点，能克服人

性弱点的人是有良心的人。

●别人遭受苦难时，嘲弄鄙视遭受苦难的人，是没有教养的人；关心帮助遭受苦难的人，是有教养的人。

●没有良心的人，就没有人生价值。

●心肠好的人，不一定教养好；教养好的人，一定心肠好。教养好比心肠好更重要。

●当人的良心发现时，善良就会战胜邪恶。

●给别人制造不幸的人，自己也会遭受不幸。

●人的灵魂伟大，不在于人的社会地位高低，在于人有没有良心，人有良心，灵魂就伟大。

●有福与人分享才是福，福不与人分享，福不长久。

●一家人能和睦相处、善待亲友，这个家一定是家风好。

●父母能为儿女做出好榜样，儿女也

能为别人做出好榜样。

●一个没有教养的人，即使再有才能，也没有多大的用处。

●让金钱吞噬了良心的人，身上充满的是钱味，不是人味。

●人生最好的拥有是良心，人无良心枉为人。

●嫉妒别人优点，阻碍自己进步；学习别人优点，促使自己进步。

●不该是自己得到的，就不要想得到，

如果想着不放，不但使自己陷入得不到的痛苦中，而且还会失去自己该得到的。

●小看别人的人，有被别人小看的时候。

●人若互相宽容，会让彼此心灵变得美好，人若互相计较，会让彼此心灵受到伤害。

●积善在身福在身，积恶在身祸在身。

●学会宽容，与人相处轻松，没有计较，生活更加愉快。

●人有良心则善，人无良心则恶。

●人在危难的时候，最温情的关心是说话不要让人伤心，做事不要让人为难。

●家庭成员和睦相处，以礼待人；家庭干净整齐，舒适温馨，展现出一个家庭成员有一定的文化层次和生活质量。

●良心是人的灵魂，出卖良心就是出卖灵魂。

●一个不注重文化和品德修养的人，即使有学历不一定有学养；有文凭不一定有文化。

●做人，不求为人，但求不要害人，就算做了好人；做事，不求做好事，但求不要做坏事，就算做了好事。

●富而少教养易败家；穷而不学习难兴家。

●有教养的人，言行文明；没有教养的人，言行粗野。

五、诚信和交往

●与人交往，为人而守信，为己而制欲。

●信任来自真实坦诚待人，认真负责做事。

●待人诚实，就是对人的尊重；对人撒谎，就是对人的不尊重。

●说真话的人比说假话的人，有说话

的市场。

●讲信用的人，受益于有信用；不讲信用的人，受害于没有信用。

●与友贵在言而有信，与邻贵在和睦相处。

●欺骗别人一次，失去别人信任是一世。

●诚信是信守诺言的保证。

●一次次说大话而没有行动的人，是在一次次失掉人们的信任。

●有诚信的人，无人不信；没有诚信的人，父母也疑。

●年轻时没有诚信，到老年也没人相信。

●不讲诚信的人，是在把自己从人们心中抹去。

●让自己失去信用的是自己没有诚信。

●给人好处的促销活动，都有消费陷阱；交易中让利的话，都是好听的谎言。

●诚实人不会成为骗子，骗子却会装

扮成诚实人。

●爱说假话的人，说真话也没有人相信。

●戳穿说谎人的是自己的谎言。

●做事不实事求是，做人就不真实。

●没有诚信的人，无心堂堂正正地做好人，却有心偷偷摸摸地做坏事。

●交往没有诚意，不是利用你就是欺骗你。

●吃了不诚实亏的人，是做人不诚实。

●让人最容易相信的假话是做官人说的假话。

●有善言得善，有恶言得恶。

●与人交往，对别人热心的人，不应对其冷淡；对别人冷淡的人，不值得对其热心。

●善良的人好说话，说好话的人不一定善良。

●朋友关系虽好，钱财要分清，钱财不分清，朋友也会成仇人。

●滥交友就会交错朋友，以利益结成的友谊，终会以利益结束友谊；以德交友得福，以财交友得祸，喜欢交什么样的朋友，就会成为什么样的人；没有责任心的人，交不上有责任心的朋友。

●你怎么看人，人就怎么看你；你怎么待人，人就怎么待你；你能设身处地为别人着想，别人同样也能为你着想。

●不断地表现虚伪，就是不断地损害自己的形象。

●善意不被人理解时，比言语更好的解释是行动。

●斤斤计较的人，交多少朋友，会失去多少朋友。

●与借钱不还的人交往，有失财的风险；与爱财如命的人交往，有伤人的危险。失去钱财是一时损失，失去信誉是一生的损失。

●与人合作，如果不顾合作共赢损害对方利益，还想从对方那里谋取最大利益，不但得不到想谋取的最大利益，而且还会失去合作共赢的利益。

●一般情况下，人和人的交往就是等价交换；人与人之间没有对等的资格，难有不对等的交往。

●与阴阳怪气的人勿交友；与斤斤计较的人勿交财；与势利小人勿交心；与狂妄自大的人勿交言。

●在利益面前，宁愿自己吃亏也不占别人便宜的人，值得交往。

●人的身份不同，交往的人也不同，贫贱难交富贵。

●人与人有被利用的价值，就有被利用的交往。

●朋友之间交往，最重要的莫过于诚实厚道。

●结识一个拥护自己的愚者，不如结识一个反对自己的智者。

●用钱堵住的嘴不会说实话。

●人与人交往，以爱己之心爱人，以

律人之法律己，交往才能长久。

●有夸张心态的人，喜欢放大事情的真实性，与其交往难得事情的实情。

●人不正直，难交上正直的人。

●和不同的人在一起，就有不同的人气。

●如果你感到和谁在一起都不愉快，你已经成了一个让谁都感到不愉快的人。

●总觉得别人比自己优秀的人，会成为优秀的人；总觉得别人不如自己的人，

会成为不如别人的人。

●不要为了自己得到什么便宜，以关系让别人为难；不要为了自己追求什么名利，以关系让别人做出违心的事；不要为了自己方便，以关系给别人带来不必要的麻烦。

●没有好的脾性，难有好的人和；能接受别人，就能被别人接受。

●当你被大家孤立时，不是大家要孤立你，是你做出了让大家孤立你的事。

●与人交往，让人愉快的是大方，不愉快的是吝啬。

●你得势时，为你付出的人不一定是为你；你不幸时，为你付出的人一定是为你。

●交有本事没抱怨的人是交福气，交有抱怨没本事的人是交晦气。

●借钱给人，能认识两种人，一种是讲信用的人，一种是不讲信用的人。

●与爱抱怨的人交往，就会活在抱怨

声中；与爱惹麻烦事的人交往，就会遇到麻烦事。

●见不得别人好的人，别人不幸时，幸灾乐祸；别人幸运时，嫉妒怨恨。与见不得别人好的人交往，当你比他好时，你就会遭受这种人的伤害。

●人和人交往，关心自己比关心不在乎你的人重要；关心在乎你的人比关心自己重要。

●送礼的人不是感谢你的过去，就是

想利用你的现在。

●与难打交道的人交往，遇上什么事都会让你左右为难。

●势利人与人交往时，有很多理由；与人不交往时，同样有很多理由。

●与友聚会，酒不可过，食不可腻；与人交往，言不可多，义不可少。

●生活中，遇到看不起你的人，不要把看不起你的人看高，也不要把你看低；遇到看起你的人，不要把看起你的人看低，也不要把你看高。看不起人的人，有让人看不起的时候；看起人的人，有让人看起的时候。

●与人交往，相信你的人是值得你相信的人。

●交往没有诚信，就有欺诈。

●人和人交往，注重情分的人比注重名分的人有人情味。

●爱计较别人的人，不但交不上知心朋友，而且还会失去朋友。

●人与人的交往，合作受益大于对抗，关心好于伤害。

●不相信自己的人，得不到别人的相信。

●与总想把方便留给自己，把麻烦推给别人的人交往，得到的是麻烦不是方便。

●人和人之间友好往来，靠的是互不损人利己、互相信任、互相尊重、互相帮助。

●溶于什么样人的圈子里，就会成为

什么样的人。

●人和人的友情，是用人的诚信和付出建立的。

●路不熟会迷路，人不熟会交错人。

●行善要看人，对好人行善是积德，对坏人行善是作恶。

●利益造就了两种人，即朋友和敌人，朋友是一样的，敌人是多样的。

●不管什么交往，能够处于主动，不但要有勇气和能力，而且还要有智慧和策略。

●人和人之间，没有了人情味，人就和动物一样。

●所有人和人的关系淡化，都是互相不主动交往或不在乎对方。

●人和人之间交往，好换好，不好换不好。知者是智，不知者是愚。

●你为别人的乐而乐，别人也会为你的乐而乐；你为别人的忧而忧，别人也会为你的忧而忧。

六、言行和责任

●人的言行是衡量一个人好与不好的标准。

●对自己的言行不负责任，会得到不负责任的报应。

●勿说无益身心之言；勿做无益身心之事；勿吃无益身心之食；勿服无益身心之药；勿读无益身心之书；勿交无益身心

之人。

●富人之前莫言穷，穷人之前莫摆富。

●守好自己的言行，就能守住自己的

人格。

●支持别人符合自己利益的错误言行，

是损人利己的行为。

●不负责任的诺言，就是谎言。

●言行符合自己的身份就是本分。

●言人之短是在显己之长，言己之长

是在示人之短。

●有敢于担当的精神，就有敢于负责的言行。

●言贵是说在点子上，才贵是用对了地方。

●以人废言会失去良言，以貌取人会埋没人才。

●言语文雅给人好感，言语粗俗让人反感。

●安于知足，贵于少言，乐于行善，危于多欲，贱于无志，耻于作恶。

●后悔的事不是没有想到，是想到没有做到。

●好人做好事不难，难的是做坏事；坏人做坏事不难，难的是做好事。

●与人话不投机，智者沉默，愚者吵闹。

●考虑不周到的承诺，会增加信守诺言的困难。

●轻信谣言，就会成为散布谣言的人。

●对人出言不逊，易招惹羞辱。

●对待人，话不过头则和，事不过头则安。

●喜时之言多失信，怒时之言多失态。

●控制不住情绪的聪明人，会做出让自己后悔不已的愚蠢事。

●好听的言语比不上好的行动感人。

●对伤害过你的人，言行上的宽容比计较更能让其悔过自新。

●做人做事要原则加灵活，坚持原则不失灵活，运用灵活不失原则。

●言行激怒领导自己的人，就会给自己带来麻烦。

●在不了解别人的真实想法时，把自己的想法当成别人的想法，替别人做了别人不想做的事，或关心别人不需要人关心的事，都会给别人带来一定的麻烦，或给别人造成精神上的伤害。

●一般情况下，无益于人的话不说，无益于人的事不做，就是有益于人。

●说到做不到，说的越好越不中听。

●尽责任时辛苦，尽到责任时快乐。

●对自己的言行负责任，就能对别人负责任；对自己言行不负责任，就不会对别人负责任。

●因为自己耽误了别人的事，是对别人不负责任。

●爱追求名利的人，就有不负责任的言行。

●不管大事小事，件件有交待，事事有回复，是一种负责任的态度。

●没有好的言行，就没有好的人生；没有责任心，就没有好的人气。

●有理智的人，可贵之处是对别人没有过激的言行；有成就的人，可敬之处是对工作认真负责。

●做好事的人，不一定说；说做好事的人，不一定做。

●为自己快乐而让别人不快乐的人，得不到自己想要的快乐。

●被自己的错误言行战胜自己的人，

只有一个结果，就是做人失败。

●话要会说，事要会做，会说话的人，办事不难，不会说话的人，难办成事；会做事的人，能做好事，不会做事的人，做不好事。

七、人品和荣誉

●人品好是人最好的荣誉。

●失去钱财，人还能活好；失掉人格，人就不好活。

●没有打过钱财交道，不知人品；没有患难之交，不知人心。

●玩心眼谋求荣誉的人，得到的是虚荣，失去的是人品。

●人品决定人的名声，人品好，人就有好名声；人品不好，人的名声也不好。

●不择手段地抬高自己，就会不择手段地贬低别人。

●希望别人对自己主动发扬高尚风格的人，不会主动对别人发扬高尚的风格。

●出卖别人一次，就是出卖了自己一生。

●有自知之明的人，不在乎别人对自己的赞美；在乎别人赞美自己的人，没有自知之明。

●珍重自己的人品重于珍惜自己的财物，是人品好的人。

●在你辱骂别人的人品糟糕时，你的人品比别人还要糟糕；你看不起生活不如你的人时，你也让人看不起。

●怨人者无德，怨天者无志。

●嫉贤妒能的人，喜欢用贬低别人的手段抬高自己。

●钱财是贵重的，比钱财贵重的是人

的生命；人的生命是宝贵的，比人的生命

宝贵的是人格。

●爱和官套近乎的人，就能为官做出

损人不利己的事。

●君子不乘人之危，能成人之美；小

人不成人之美，爱乘人之危。

●人的一生，人品贵于荣誉。

●有德的人，其物也好；无德的人，

其物也不好。

●得到荣誉不容易，保持荣誉更不容

易。

●做人输不掉人格，就不会输掉自己。

●伪装成善良的恶人，终究被其恶行撕掉善良的伪装。

●平时养成良好的品性，关键时刻就能表现出感人的品行。

●荣耀是不在于做什么，在于做好了什么。

●做人做事讲究实事求是，是无意追求名利的人；喜欢弄虚作假，是有意追求名利的人。

●在获得荣誉与别人相撞时，能够把荣誉让给别人是成人之美的高尚品行。

●以认识高贵的人来显摆自己，是既无能又虚伪的表现。

●人的品德如同自己的相貌，人的荣誉如同自己的衣服。

●爱以自己的荣誉显摆的人，会使别人由开始的崇敬变成最后的蔑视。

●人的荣誉是人的品行和能力挣来的。

●守住别人的隐私，就是守住了自己的人格；散布别人的隐私，就是出卖自己的人格。

●富而不仁和穷而无德，是一个精神层次的人。

●人品好的人，人缘也好；人品不好的人，人缘也不好。

●势利者不善，善者不势利。

●人若虚伪，心灵就不美好。

●遇到好事，先为自己着想的人，不

会为别人着想。

●在利益面前，宁损人利己也不损己利人的人，是人格卑劣的人；宁损己利人也不损人利己的人，是人品高尚的人。

●在荣誉面前，人品好的人赞扬别人，人品不好的人贬低别人。

●你是怎么样的人，不是看别人对你怎么样，而是要看你对别人怎么样。

●用成就别人，再成就更多的人，是有高尚品格和大智慧的人。

平凡语言中的哲理

●品行好的人，在别人陷于危难中时能够同情和帮助别人。

●人的尊贵不在于地位和财富，在于人品好。

●人生最宝贵的是人品，人品不好，人生就没有意义。

八、尊重和自尊

●人贵在懂得尊重，贵有自尊。

●在人上时要学会尊重；在人下时要知道自尊。

●尊重人的关心，才是受人尊重的关心。

●能做出让人尊重的事，就能得到人的尊重。

●懂得尊重和自尊的人，就能做到尊重别人和得到别人的尊重。

●尊重别人要有原则，原则就是互相尊重，没有原则地尊重别人，就会失去自尊，不知道自尊的人，得不到别人尊重。

●不注意尊重别人和自尊的人要知道，别人尊重你，不是你值得尊重，是别人懂得尊重；别人不尊重你，不是别人不懂尊重，是你不值得尊重。

●如果你看不起现在不如你的人，也

有现在不如你的人看不起你的时候。

●尊重人不吃亏，吃亏的是不尊重人。

●让人尊重的人，不在于是什么人，在于什么人的品行。

●用好人才，必须先要尊重人才，尊重人才、用好人才，就是尊重知识。

●没有自尊心的人，就不知道自尊；不知道尊重别人的人，就得不到别人的尊重。

●尝到了没有自尊的滋味，就知道自

尊；吃过不尊重人的亏，就懂得尊重。

●懂得尊重和有自尊心，是人的美德。

●没有自尊心的人，难有事业上的成就。

●有坚定的自尊心，就能维护自己的尊严。

九、理想和自强

●在这个世界上，你没有实力，就有对你的不公平，人是如此，国还是如此。

●当别人看起自己时，谦虚谨慎地做人；当别人看不起自己时，自强不息地做人。不怕别人看不起自己，就怕自己看不起自己，自己看不起自己，就没有人看起自己。

●自己比别人强时，要把别人当人；自己比别人弱时，要把自己当人。

●忍常人忍不了的辱，吃常人吃不了的苦，容常人容不了的人，做常人做不了的事，就能使自己超越常人。

●吃不了苦、受不了委屈的人，难以自强，人不自强，难成强者。

●学习强大，不与强大对抗，有利于自己成为强大。

●不怕自己不如人，就怕自己不作为。

人有作为才有价值，有多大的作为就有多大的价值。

●不求人看起，但不能让人看不起；不求人爱，但不能让人恨；不求为人，但不能损人。

●学习比自己有本领的人，才能使自己成为有本领的人。

●不光彩的不是贫穷，是改变不了贫穷。人穷不怕，怕的是心穷，人穷心不穷，穷也能变富；心穷人不穷，富也会变穷。

●人贵在穷有志气，富有仁爱，穷无志气，是真正的贫穷；富无仁爱，是富而不贵。

●一个正常的男人，有本事的都能养起家，养不起家的都是没本事。

●不怕生活有困难，怕的是害怕生活中的困难；不怕没有财富，怕的是没有信心创造财富。

●与其到寺庙求佛保佑，不如去人间行善；与其求神灵免灾，不如不要作恶多端；与其屈节求人，不如自强不息。

●人无自立自强的精神，得不到让人尊重的社会地位，只有自己成就了自己，才能得到社会的敬重。

●勇敢地接受困难的人比一个劲抱怨困难的人，更有信心克服困难。

●自卑太过就会失去自强的信心。

●屈辱能使智者成为人上人。

●人有特长就有价值，在最需要的地方把自己特长最大限度地发挥出来，就能最大限度地体现自己的价值。

●要想得到和别人一样的成就，就要做到和别人一样的付出。

●人生的道路上，自己给自己加油比别人给自己加油更有前进的力量。

●成就自己，不在于求神拜佛，上香供奉，在于自己能够修身养性，自强自立。

●抄袭别人的文章是既无能又无德的行为。

●有成就的人，利用了一生更多的时

间；没有成就的人，荒废了一生更多的时间。

●路是走出来的，事是干成的，只要坚持走路，没有走不出来的路；只要坚持干事，没有干不成的事。

●不怕比自己强的人欺负，就能超越比自己强的人；害怕比自己强的人欺负，就超越不了比自己强的人。

●有经历就有经验，经历越多经验越丰富，经验越丰富的人，工作能力越强。

●能够解决今天的困难，就能做好今天的事情。

●利用对手的聪明胜于对手，才是高手。

●能领导别人的人，就有比别人会当领导的才能；工作比别人干得好的人，就有比别人会干工作的本领。

●能克服工作中的一点困难，就是在工作上取得了一点成绩。

●不怕别人给自己制造痛苦，怕的是

自己给自己制造痛苦，自己给自己制造痛苦，自己就会活在自己制造的痛苦中。

●背着忧伤放不下的人，会倒在忧伤下。

●没有理想，就没有努力的方向；有理想，不努力实现理想，如同没有理想。

●对生活充满希望的不是只有理想的人，是有理想而为之奋斗的人。

●理想的美好，不在于只有理想，在于实现理想。

●实现理想的生活，比没有实现理想的生活充实。

●无所作为的人生，是没有价值的人生。

●人有本事，不在于说得好，在于干得好；不在于和别人一样，在于超越别人；不在于只有理想，在于实现了理想。

●接受别人的批评比听取别人的表扬，更能使自己进步。

●对自己人生不抱有希望的人，就会

失去自己的人生价值。

●改变不了过去，可以改变现在，能够改变现在，就能创造未来。

●决定人的竞争优势，是人的才能和工作成就。

●穷人会变富，富人也会变穷，穷人变富的是穷有精神，富人变穷的是富不仁义。

●人活的没有精神支撑，就会失去生活的信心。

●想着靠别人活好人，是自己在欺骗自己。

●没有理想是无知，实现不了理想是无能。

●人生少不了痛苦，战胜不了痛苦的人，就会活的痛苦；能战胜痛苦的人，就能活的快乐。

●一个没有自强不息精神的人，即使有理想，也没有能力和勇气实现理想。

●有文化品德修养和自强不息精神的

人，不会落后于别人。

●人的面子不是别人给的，是靠自己挣的。

●人能做到自信、自强，才能自立。

●被别人利用，而不能利用别人的人，只能做别人的下手。

●不敢面对挑战的人，首先打败自己的不是别人，是自己。

●想求别人可怜的男人，难自强；不求别人可怜的男人，能自强。

●世上没有绝对如意的事，但绝对有打如意算盘的人，凡事想打如意算盘的人，难如愿以偿。

●世上的事做不到完美，但能做到完善，不断完善，才能长久。

●生活寂寞的人，是没有去实现人生价值；生活不寂寞的人，是在不断地实现人生价值。

●实现理想，就要有克服实现理想困难的信心，才有希望实现理想。

●人若自强，就不怕艰难，不言悲伤。

●勤劳肯干的人致富，好吃懒做的人受穷。

●不怕困难，就能战胜困难；害怕困难，就会被困难吓倒。

十、爱情和婚姻

●爱情是男女相爱的纯真感情，也是男女相爱的崇高境界。男女相爱的崇高境界是爱情的纯贞、修养和责任。爱情的纯贞是纯洁和忠贞；爱情的修养是尊重和信任；爱情的责任是担当和付出。

●爱情是人生活和工作的力量，爱情的力量能改变人的命运。

●有艰难曲折的爱情经历，就有感动人的爱情故事。

●爱情没有完美，但是美好的，爱情的美好在于懂得爱情、珍惜爱情、能为爱情付出一切。

●为爱情不怕孤独而守贞的人，一定是能为爱情敢于付出一切的人。

●爱情的幸福是来自男女相爱的内心感受。

●没有爱情的婚姻生活，是一种浪费

感情和时间的生活。

●爱情能使男人成为女人的一座靠山，能使女人成为男人的一所学校。

●美好的生活少不了爱情，少了爱情的生活就不美好。

●只有无视对爱情的束缚，才有机会得到爱情，爱情的智慧能让爱情的火星燃烧成熊熊烈火。

●没有爱的诚意得不到爱；没有爱的热情得不到爱的快乐；没有爱的境界得不

到爱的幸福。

●爱情能给干事业的人勇气和力量，干事业能为爱情增添光彩。

●金钱能买到婚姻，买不到爱情，婚姻最稳固的基础是爱情。

●男女相爱受到世俗偏见的束缚，就会失去相爱的自由。

●不管在什么时候、什么情况下，都愿陪伴你和为你付出的人，才是爱你的人。

●如果你爱一个人，那个人就有你所

爱的原因，所爱的原因不同，爱的结局就不同。

●有了爱情，时间多久爱不褪色，相距再远爱味也浓。

●对爱的认识不一样，为爱的付出就不一样。爱人就是给人快乐，不是给人痛苦。

●对你爱但不爱你的人要尊重；对你不爱但爱你的人要同情；对你爱也爱你的人要珍惜。

●为了爱情，无论怎样的结局都是感人的。

●有爱情就有快乐和忧伤，快乐的是拥有了爱情，忧伤的是失去了爱情。

●付出的爱心受到伤害时，理智地放弃是一种修养。

●不一样的人，有不一样的生活；不一样的夫妻有不一样的家。

●懂得爱你的人，什么时候都不会让你伤心；不懂得爱你的人，有让你伤心的时候。

●人无知己，遇见多少人仍觉孤独。

●一次错爱会给心灵上留下永久的伤痕，修补的再好，也有痕迹。

●牵挂你的人，一定是喜欢你；你牵挂的人，不一定喜欢你。

●懂得爱的人，最不愿放弃的莫过于爱，最不愿接受的莫过于不爱。

●人和人之间，在乎你的人，用不着你多在乎；不在乎你的人，你多在乎用不着。

●太在乎你爱的人，就会伤害自己；太在乎自己，就会伤害爱你的人。

●为你爱但不爱你的人去付出，不但没有必要，而且还会伤害彼此的感情。

●爱错了人，得到的是感情伤害；爱对了人，得到的是呵护感情。

●不是你的知心人，不想让你知心，想让你知心，才是你的知心人。

●有爱情不一定有婚姻，有婚姻不一

定有爱情，没有爱情的婚姻和没有婚姻的

爱情都是人生的不幸。

●婚姻不是爱情的结果，就是爱情的

枷锁。

●追求没有爱情的婚姻是对别人的不

尊重，也是不自尊。

●拥有爱情的婚姻生活，是人生美好

的生活。

●有爱情的理想，不追求爱情，爱情

的理想永远是梦。

●让人孤独的婚姻是没有爱情的婚姻，没有爱情的婚姻得不到婚姻的幸福。

●放弃没有爱情的婚约，懂得爱情的人，表现是理智和尊重；不懂爱情的人，表现是蛮横和龌龊。

●所有人的婚姻，不是为了爱情，就是为了欲望。

●爱的不是一路人，不能结伴。

●真爱不在好听的言语中，在生活的细节上。

●爱要有原则，爱没有原则就会失去爱的意义。爱的原则就是不能把自己爱的幸福建立在别人的痛苦上；不能为自己爱的欲望损人利己；不能为自己爱的利益出卖灵魂。

●拥有权力和财富，不一定拥有幸福生活；拥有爱情，一定能拥有幸福生活。

●缘份有长有短，有早有迟；情谊有深有浅，有真有假。

●爱一个人到"爱屋及乌"时，就是

爱的感情受到伤害的开始。

●爱是珍贵的，如果把爱给错了人，爱就会失去价值。

●知识＋爱情＝干事业的力量。

●维持婚姻生活的幸福，不是名利，是爱情。

●能为别人得到幸福付出的人，自己也能感到幸福。

●生活中少了爱情,如同饭里少了食盐。

●人生幸福而富有诗意的生活莫过于

有爱情的生活。

●以婚姻追求势利，会因势利使婚姻成为悲惨的结局。

●理智地放弃没有爱情的婚姻，是对婚姻的尊重。

●婚姻注重的不仅仅是情分，还有名分；爱情注重的是情分，而不是名分。

●懂得女人失去爱恋痛苦的男人，不会给女人带来失去爱恋的痛苦。

●女人追求势利婚姻，将会失去女性

的尊严。

●没有爱情的婚姻生活，会让人失去对自己婚姻的尊重和珍惜。

●信仰爱情是追求爱的幸福。

●爱情能使人热爱家庭，热爱生活。

●人的结合，条件相当的不一定合适，合适的不一定条件相当。人结合的幸福是来自合适，不是来自条件相当。

●有爱情的婚姻，幸福是一样的；没有爱情的婚姻，痛苦是多样的。

十一、工作和生活

●生活给人最好的启示是做人要讲理，人不讲理就会失去人性。

●活着不难，难的是有质量地活着。

●爱与别人攀比生活的人，就会增加自己的生活负担。

●生活在不同的环境，就有不同的生活，有生活收获的是热爱生活的人；没有生活收获的是不热爱生活的人。

●没有体面的收入，就没有体面的生活。

●人生重要的是做好两个选择，选对伴侣，生活幸福；选对工作，成就自己。

●人的精神好坏在于人的心态，心态好精神也好，心态不好精神也差。人老心不老，也能活得朝气蓬勃；人不老心老，也会活得暮气沉沉。

●想让自己的生活充实，就不要让自

己的头脑和双手闲着。

●和不一样的人在一起，就有不一样的生活；没有良好的生活习惯，就没有良好的生活。

●生活有苦有乐，苦中有乐，乐中有苦，心态好，苦也是乐；心态差，乐也是苦。

●生活没有完美，但并不是不美好，靠自己生活，生活就美好；靠别人生活，生活难得美好。

●看人脸色活人，人难活；猜人心思做事，事难做。

●没有生活的理想，不会有理想的生活。

●羡慕别人的生活不重要，重要的是拥有别人羡慕的生活，拥有别人羡慕的生活，就是比别人会过生活。

●生活中，太在乎别人对自己的看法，活出的是别人，不是自己。要活出自己就要有自己的生活目标和自己的活法，没有自己的生活目标和自己的活法，就活不出自己。

●拥有物质的丰富和精神的文明，才能拥有好的生活。

●贫穷让人知道生活的艰难困苦，改变不了贫穷，就改变不了艰难困苦的生活。

●没有精神文明的生活，就是粗野的生活。

●没有经过难处的人，不知道人到难处少精神。

108

●不追求生活质量的人，生活就没有质量。

●人的私欲越重，生活的烦恼越多；人的抱怨越多，生活的快乐越少。

●岁月让人变老，不一定让人心变老，让人心变老的是人对生活没有了追求。

●贪婪钱财的人是钱财的奴隶，施舍钱财的人是钱财的主人；能够享受拥有财富快乐的人，不是财富的奴隶，是财富的主人。

●对个人来说，好的工作不是人们认为的热门工作，而是自己热爱的工作。

●工作为了薪水，就是薪水的价值；为了创造财富，就是创造出财富的价值。

●如果你对工作失去信心，人们就会对你失去希望。

●热爱工作的人，认为工作是一种快乐；不热爱工作的人，认为工作是一种负担。

●人能热爱工作，工作就能让人体现

人生价值。

●爱抱怨生活困难的人，不管走到哪里，都是生活的弱者；不怕生活困难的人，不管走到哪里，都是生活的强者。

●没有工作干的人比不好好工作的人还有用处；工作中能起到作用的人比在工作中起不到作用的人有用处。

●爱种花的人，人在何处何处开花；爱栽刺的人，人到何处何处长刺。生活中，人气好的人就是爱种花的人，人气不好的人，就是爱栽刺的人。

●修饰边幅是追求美的一种生活，外表修饰能给人增添美的光彩，不修饰外表显得邋遢，一定程度上抵消了外表美。修饰外表要讲究文化和行业本色，修饰得体，不仅能反映一个人的文化素质和行业本色，还能给人美的感受；修饰太过，不仅逾越了行业本色和损害了自己形象，还给人丑的感受。

●讲卫生是一种美德，不讲卫生的生

活，生活就不美好。

●生活和工作中，帮助别人是一种快乐；不忘记帮助过别人却是一种痛苦。

●生活中少不了遇到麻烦，如果不怕麻烦，就不会被麻烦缠身；如果害怕麻烦，就会被麻烦缠身。

●工作方向错了，一切努力和付出都是徒劳。

●只有改变不利于人的生活现状，才能有利于人的生活。

●生活和工作压力，使心理素质好的人进步；使心理素质差的人落后。

●热爱生活，就有生活的幸福感；努力工作，就有工作的成就感。

●在日常生活中，对身边的人计较多了，不但使身边的人活得累，而且自己也活得累；对身边的人多些关心和爱护，不但使身边的人活得轻松，而且自己活得也轻松。

●生活的幸福，不只是拥有了好生活，

而是把拥有的好生活，改变的更加美好。

●轻视工作中的问题，就会为轻视工作中的问题付出代价。

●在平常生活中，日子过得比别人红火的人，就是比别人幸福的人。

●想干好工作，办法比困难多，不想干好工作，困难比办法多。

●人的工作质量好坏，影响人的生活质量，工作质量好，生活质量也会好；工作质量不好，生活质量也不会好。

●过好生活不是人人都能做到，只有热爱生活的人，才能过好生活。

●生活不容易，过上好生活更不容易，能克服生活的不容易，才能过上好生活；克服不了生活的不容易，难过上好生活。

●富裕的生活来自改变了贫穷。

●生活中欠了别人的人情，不忘或还了别人的人情，是有人情的人；不记或不想还别人的人情，是没有人情的人。

十二、读书和学习

●读书苦，不读书更苦；读书不吃亏，吃亏的是不读书。

●读书能使人觉悟，能提高人的生活质量。

●实现理想就要读书学习，不读书学习，理想就会成为空想。

●读书能增长人的智慧，多读一本书，

多长一份智。

●读好的书，做好的人；读有价值的书，做有价值的事。

●不读书学习，知道的就少，知道的越少，生活中遇到困难越多。

●读书学习有利于增强人判断事物正确与错误的能力。

●书报如同人生道路上的路标。

●读书贵在坚持，重在领悟。

●读书学习的目的，就是为了探求真

理。不知道真理，就会被谬论迷惑。

●吃饭供给身体营养，读书供给灵魂营养。

●读好书，好书能给人生活和工作的力量。

●读一本好书，如同遇到一个好老师；读一本不好的书，如同交了一个不好的朋友。

●"读书无用"是不爱读书人的谎言，读书比不读书用处多，人生首先做的最重要的事就是读书。

●读好书的人，必有好运；经常读好书的人，必成好人。

●好书能开发读好书人的创造力，读好书的人能发掘好书中的宝藏。

●书中有知己，寻找去读书。

●读书学习使人思想进步；不读书学习使人思想落后。

●读书不一定能得到物质上的富有，一定能得到精神上的充实，没有精神上的

充实，即使物质上富有仍觉贫穷。

●读书学习，有助于充分体现人生价值。

●读书学习，是消除愚昧无知的有力武器，是改变贫穷落后的强大力量。

●读书学习是一种精神的享受，也是一种生活的快乐。

●读懂世界历史，就能看懂世界。

十三、命运和人生

●命运是先天生成的和后天遇到的所有事，人的命是定数，如生来有健全的人，有不健全的人，这就是命；人的运是变数，如一生可能遇上好事，也可能遇上不好的事，这就是运。所以，人的命运有好的和不好的；也有好的时候和不好的时候。命运是可以改变的，改变命运的希望主要在

122

自己，甘心认命运的人，难有改变命运的希望；不甘心认命运的人，就有改变命运的希望。

●心态影响命运，命运不好时，心态好的人想办法改变自己，能改变自己就能改变命运；心态不好的人只是埋怨命运不好，埋怨命运不好改变不了命运。

●命运由自己掌握，自己就是命运的主人；命运由别人掌握，自己就是命运的奴隶。

●能左右命运的人，就能改变命运；被命运左右的人，难改变命运。

●人生就是一本书，好坏都是自己写的。

●命运影响人生，命运好，人生也好；命运不好，人生也不好，能改变命运就能改变人生。

●人的一生有体面的时候，也有不体面的时候，不到人生最后的时候，不知道人生有多精彩，走好人生最后一步，比人生任何一步都光彩。

●心态好，人生快乐多于痛苦，心态不好，人生痛苦多于快乐。

●能活出感情的人生，就是丰富的人生；能创造财富的人生，就是有价值的人生。

●自己的命运由打压自己的人掌握，就是悲惨的命运。

●人生的价值不在于人的命运好，在于人为社会作出的贡献。

●人生的美好，不是来自别人美好的祝愿，是来自自己能够改变人生的不美好。

●一个人开始做出有益于他人或社会的事，他的人生就开始有了价值；开始做出无益于他人或社会的事，他的人生开始就没有了价值。

十四、生命和时间

●生命是地球上美丽的风景，最美丽的生命风景是人类。

●人的生命宝贵不在于活着，在于活的有价值；人的生命价值不在于活了多少时间，在于有多少时间创造财富。

●没有浪费的时间，就是有价值的时间。

●把钱财看得比生命重要的人，会为钱财赔上自己的生命。

●时间让人知道生命的宝贵，疾病让人知道健康的重要。

●生命时间是有限的，珍惜休息时间就是爱惜生命，透支休息时间，就会减少生命时间。

●挥霍时间，时间就会给人生留下遗憾。

●谁荒废了自己的人生时间，时间就

会让谁的人生荒废。

●时间是宝贵的，事业是重要的，最宝贵的时间就是现在，最重要的事业就是现在必须做的事。

●人生价值体现在人的生命时间里，浪费多少人的生命时间，就会减少多少人生价值，荒废了人的生命时间，就会失去人生价值。

●生命让时间显得重要，时间让生命显得宝贵。

十五、人才和机会

●社会最大的财富是人，最宝贵的财富是人才。

●人才难得，公平竞争选人用人就会发现人才；以社会关系、权钱交易选人用人就会埋没人才。

●人才不是等着让人发现，是自己在

努力拼搏时被人发现。

●人才就是学习和工作的时间比别人多，休息时间比别人少的人；就是会干工作，工作比别人干得好的人；就是吃的苦比别人多，享乐的比别人少的人；就是能为社会作出贡献比别人大的人。

●事业造就人才，干好多大的事业，就能造就多大的人才。

●人才得之不易，失之易。

●发现和用好人才，就是为社会创造

财富作出了贡献。

●拥有了行业人才，才能拥有行业市场。

●就业的机会不只是等待的，也是创造的，创造就业机会的人比等待就业机会的人更容易发现和抓住就业机会。

●抓住了机会，但是没有利用好机会，和没有抓住机会一样失去了机会。

●机会就是运气，抓住了良机就是运气好，错失了良机就是运气不好。

●抓住机会，就要有抓住机会的准备，准备好干什么的人比没有准备好干什么的人，更容易获得干什么的机会。

●机会属于利用机会成就事业的人。

十六、医护和医疗

●医护人员，医院院长是医院的生命力，没有好的医护人员，就没有好的医院；没有格调高尚的医院院长，就带不出来有素质的医疗团队。

●医疗服务的管理、责任、技术水平、经验、态度和医护人员互相协作精神，是医疗服务质量的保障；医疗纠纷或事故发生的原因，常常是医院管理混乱、医护人员工作责任心不强、医护服务技术水平低下，医护服务经验不足、医护服务态度不好，医护人员缺乏团队协作精神。

●一个好医护人员，不但自己做得好，而且还能培养出更好的医护人员。

●医生的威信是建立在对患者的负责和治疗上，一个威信好的医生，一定是医疗服务认真负责、医疗技术水平好。

●让患者相信医生的是医德和医疗技

术水平好；让患者相信医院的是医疗服务质量有保障。

●如果患者和患者的家人，都能够正确地理解和支持医生和护士的服务工作，那么患者和患者的家庭就能获得最大的医疗服务利益。

●医院是一个有爱心的地方。

十七、聪明和愚蠢

●吃亏使人变聪明，占便宜使人变愚蠢。

●聪明用不对地方和时间，就是愚蠢。

●聪明人不勤奋和愚蠢人一样。

●世上最愚蠢的人是把别人看得都比自己愚蠢，最聪明的人是把别人看得都比自己聪明。

●聪明反被聪明误，就是愚蠢。

●对别人玩心眼，是愚蠢的表现。

●聪明人骄傲就会变成愚蠢人。

●聪明人善于从失败中找原因，愚蠢人喜欢从失败中找借口。

●赞美比自己优秀的人是聪明人，诋毁比自己优秀的人是愚蠢人。

●被别有用心的人利用伤害别人的人，不是幼稚就是愚蠢。

●没有文化和品德修养的聪明人，易

做出损人利己的愚蠢事。

●事不利己时，聪明的是保持冷静、克制；愚蠢的是急躁、冲动。

●耍小聪明的人，会被自己的小聪明耍。

●智者学习别人创造财富的经验，愚者羡慕别人的财富。

●把真诚为你好的人当傻子就是愚蠢。

●愚弄比自己聪明的人，会被比自己聪明的人愚弄。

●世上有天生的聪明人，没有天生的优秀人，聪明人不注重文化和品德修养，不会成为优秀人。

●聪明人不一定都是成功者，成功者一定都是聪明人。

●不懂，承认不懂，是聪明的表现；不懂装懂是愚蠢的表现。

●领导愚者不如让智者领导。

●聪明人贪心，在利益面前就会表现的愚蠢。

●竞争中，想着改变自己，争取做的比别人更好，是聪明人；想着贬低别人抬高自己，是愚蠢人。

●面对自己的错误行为，聪明人能够战胜自己的错误行为，愚蠢人会被自己的错误行为战胜。

●人勤变聪明，人懒变愚蠢。

十八、成功和失败

●人能做到最好的自己就是自己的成功。

●自信是成功的力量，不相信自己就是自己的失败。

●成功的最大障碍是害怕失败。

●多一个失败的借口，就会少一份成功的努力。

●失败是取得成功的过程，成功是失败付出的结果。

●选择正确，坚持就是成功；选择错误，坚持就是失败。

●一个接受不了失败的人，永远是一个失败者。

●不管干什么事，成败都在功夫上，成功者是用上了功夫，失败者是没有用上功夫。

●没有取得成功的失败是沉痛的教训，

取得成功的失败是宝贵的经验。

●成功人有成功之道，成功之道是在失败中探索成功。

●不管干什么事，疏忽细节会导致失败。

●做人成功于群众拥护，失败于群众反对；做事成功于实事求是，失败于弄虚作假。

●成功者是理想战胜了现实，失败者是理想被现实战胜。

●成功的人，能忘记成功后的喜悦，却忘不了成功前的失败。

●不管干什么事，不怕有问题，怕的是想不到问题，想不到的问题，就会成为失败的原因。

●不知道历史，就不知道自己的幼稚，不接受历史教训，就会被再教训。

●成功者是在失败中成就自己。